BEI GRIN MACHT SICH IHR WISSEN BEZAHLT

- Wir veröffentlichen Ihre Hausarbeit, Bachelor- und Masterarbeit

- Ihr eigenes eBook und Buch - weltweit in allen wichtigen Shops

- Verdienen Sie an jedem Verkauf

Jetzt bei www.GRIN.com hochladen und kostenlos publizieren

GRIN

Lisa Schorm

Die deutsche Landwirtschaft in der ersten Hälfte des 20. Jahrhunderts. Zwischen Protektionismus, Marktöffnung und Kriegsbewirtschaftung

GRIN Verlag

Bibliografische Information der Deutschen Nationalbibliothek:

Die Deutsche Bibliothek verzeichnet diese Publikation in der Deutschen National-
bibliografie; detaillierte bibliografische Daten sind im Internet über http://dnb.d-
nb.de/ abrufbar.

Impressum:

Copyright © 2013 GRIN Verlag GmbH
Druck und Bindung: Books on Demand GmbH, Norderstedt Germany
ISBN: 978-3-656-65779-8

Technische Universität Cottbus
Komplex 5: Ideen- und Technikgeschichte
Modul 13325: Technikhistorisches Grundwissen
Seminar: Gebot und Nachhaltigkeit?
          Agrarsysteme im Wandel der Zeit

Wintersemester 2012/13

Brandenburgische
Technische Universität
Cottbus

Zwischen Protektionismus, Marktöffnung und Kriegsbewirtschaftung: Die deutsche Landwirtschaft in der ersten Hälfte des 20. Jahrhunderts

28.03.2013

Lisa Schorm

Studiengang: Kultur und Technik B.A., 5. Semester

Inhaltsverzeichnis

1 Einleitung

Die deutsche Landwirtschaft in der ersten Hälfte des 20. Jahrhunderts war geprägt durch viele Veränderungen, die nach und nach zum Rückgang der landwirtschaftlichen Produktion führten. Angefangen mit dem großen Strukturwandel von Agrarstaat zum Industriestaat und dem damit verbundenen Arbeitskräftemangel in der Landwirtschaft.[1] Außerdem den, seit den 1865er / 1875er Jahren einsetzenden, vermehrten Importen von Agrarprodukten – geschuldet dem allgemeinen Anstieg des Im- und Exportwesens, welche, letztens Endes, auch zu einem Sinken der inländischen Agrarproduktion führte.[2] Des Weiteren wurde sie geprägt von zwei Weltkriegen, welche die landwirtschaftliche Arbeit behinderten und vor allem bei der Deckung der Nachfrage von Arbeitskräften zu menschenunwürdigen Behandlungen derselben führte.[3]

Die vorliegende Arbeit soll einen Einblick in die deutsche Landwirtschaft in der ersten Hälfte des 20. Jahrhunderts geben. Hauptschwerpunkt der Hausarbeit werden die Veränderungen der Betriebsgrößen und Besitzverhältnisse sowie die Arbeitssituation, insbesondere in der Vorkriegszeit bis hin zur Weimarer Republik, sein. Dieser Zeitabschnitt bietet aus meiner Sicht die beste Möglichkeit die Entwicklung der Landwirtschaft, der Betriebe und der Arbeitskräfte zu veranschaulichen.

In meiner Hausarbeit werde ich auf den Wandel von überwiegend großen landwirtschaftlichen Gütern hin zu vielen kleinen Betrieben eingehen. Außerdem werde ich den zunehmenden Arbeitskräftemangel, insbesondere zu Kriegszeiten, in der deutschen Landwirtschaft aufzeigen. Die beiden Schwerpunktthemen habe ich gewählt, weil diese, meiner Ansicht nach, maßgeblich die Veränderungen der deutschen Landwirtschaft zu diesem Zeitpunkt der Geschichtsschreibung markieren, und explizit bezugnehmend auf die Kriegszeiten, einen besonderen Einschnitt im Verlauf der Entwicklung darstellen.

---

[1] Harnisch, Hartmut, Agrarstaat oder Industriestaat. Die Debatte um die Bedeutung der Landwirtschaft in Wirtschaft und Gesellschaft Deutschlands an der Wende vom 19. zum 20. Jahrhundert, in: Reif, Heinz (Hg.), Ostelbische Agrargesellschaft im Kaiserreich und in der Weimarer Republik. Agrarkrise - junkerliche Interessenpolitik – Modernisierungsstrategien, Berlin 1994, S. 33-50, hier: S. 33.

[2] Eckart, Karl, Agrargeographie Deutschlands. Agrarraum und Agrarwirtschaft Deutschlands im 20. Jahrhundert, 1. Auflage, Gotha 1998, S. 62.

[3] Lehmann, Joachim, Die deutsche Landwirtschaft im Kriege. In: Eichholtz, Dietrich (Hrsg.), Geschichte der Deutsche Kriegswirtschaft 1939-1945. Band II: 1941-1943, in: Kuczynski, J.; Mottek, H. und Nussbaum, H. (Hrsg.), Geschichte der Deutschen Kriegswirtschaft 1939--1945, Berlin 1985 (= Forschungen zur Wirtschaftsgeschichte, Bd. 1), S. 570-700, hier S. 610.

2 Vorkriegszeit (1870 - 1919)

In ganz Deutschland fand im 19. Jahrhundert der Wandel vom Agrarstaat zum Industriestaat statt. Maßgebend für diesen Strukturwandel war eine steigende Erwerbstätigenanzahl im sekundären Sektor (Bergbau, Hüttenwesen, Gewerbe, Industrie und Bauwesen) und der damit einhergehenden Abnahme der Erwerbstätigen im primären Sektor (Land- und Forstwirtschaft, Gärtnerei, Jagd, Fischerei und Weinbau).[4]

In den Jahren von 1833 bis 1871 vollzog sich beispielsweise die gesamtwirtschaftliche Industrialisierung im Königreich Sachsen. So arbeiteten 1871 ca. 49,5% aller Erwerbstätigen im sekundären Sektor und nur noch rund 19,4% waren in der Landwirtschaft, also im primären Sektor, tätig. Dies war eine Folge vieler „Gewerbeförderungen in Form von Darlehen, Zuschüssen oder der Finanzierung von Ausbildungsstellen".[5]

Ganz klassisch betrachtet, hatte die preußische Agrarpolitik bzw. später die des deutschen Kaiserreiches verschiedene Hauptbetätigungsfelder. Während man sich im 18. Jahrhundert hauptsächlich um die Förderung von Pflanzenbau und Tierzucht sowie die ländliche Siedlung bemühte, legte man im 19. Jahrhundert das Hauptaugenmerk auf die innere Kolonisation.[6] Bei dieser sogenannten Siedlungspolitik ging es um die Ansiedelung „neuer" Landbevölkerung mit deren Unterstützung man die allgemeine Landflucht und die damit Verbundene weitere Abnahme der Anzahl der Erwerbstätigen im primären Sektor unterbinden wollte.[7] Ab den 80er Jahren wollte man mit der Aufsiedelung großer Güter („Innere Kolonisation") zur Stützung der bäuerlichen Besitzungen eine Verstärkung der des staatlichen Machtgefüges herbeiführen. Denn damit, so glaubte man, könne ein beständiger und gefestigter Mittelstand geschaffen werden. Eine wichtige Rolle in der Siedlungspolitik spielte auch der Wandel von der Realteilung hin zur ungeteilten Erbfolge (Anerbenrecht) bei mittel- und großbäuerlichen Besitzungen. Allerdings hatte letzteres keine großen Auswirkungen in den meisten deutschen Gebieten, da man sich überwiegend auf die Testierfreiheit berief. Es kam also einzig und

---

[4] Kiesewetter, Hubert, Industrialisierung und Landwirtschaft. Sachsens Stellung im regionalen Industrialisierungsprozess Deutschlands im 19. Jahrhundert. Köln 1988 (= Mitteldeutsche Forschungen, Bd. 94), S. 247.
[5] Kiesewetter, Kiesewetter, Ebd., S. 650.
[6] Harnisch, Hartmut, Agrarstaat oder Industriestaat. Die Debatte um die Bedeutung der Landwirtschaft in Wirtschaft und Gesellschaft Deutschlands an der Wende vom 19. zum 20. Jahrhundert, in: Reif, Heinz (Hg.), Ostelbische Agrargesellschaft im Kaiserreich und in der Weimarer Republik. Agrarkrise - junkerliche Interessenpolitik – Modernisierungsstrategien, Berlin 1994, S. 33-50, hier: S. 33.
[7] Kluge, Ulrich, Agrarwirtschaft und ländliche Gesellschaft im 20. Jahrhundert. Hrsg. v. Gall, Lothar, München 2005 (= Enzyklopädie Deutscher Geschichte, Bd. 73), S. 10.

allein auf den Erblasser selbst an, an wen die Güter fielen, denn nur er konnte entscheiden, ob sein Besitz gemäß der ungeteilten Erbfolge an die Erben weitergegeben werden sollte, oder ob es gemäß der Realteilung zersplittert und unter den Erben verteilt werden sollte.

In der Verteilung und den Betriebsgrößenstrukturen der deutschen Landwirtschaft, fand jedoch in den Jahren von 1870 bis 1914 keine größere Veränderung statt. Dies verdeutlicht die folgende Abbildung:

Betriebs-größengruppe in ha	1882		1895		1907	
	Zahl der Betriebe	in v. H.	Zahl der Betriebe	in v. H.	Zahl der Betriebe	in v. H.
weniger als 2	3 061 831	58,03	3 236 367	58,23	3 378 509	58,90
2 bis 5	981 407	18,60	1 016 318	18,28	1 006 277	17,54
5 bis 20	926 605	17,56	998 804	17,97	1 065 539	18,58
20 bis 50	239 887	4,55	239 643	4,31	225 697	3,93
50 bis 100	41 623	0,79	42 124	0,76	36 494	0,64
mehr als 100	24 991	0,47	25 061	0,45	23 566	0,41
Zusammen	5 276 344	100,00	5 558 317	100,00	5 736 082	100,00

Abbildung 1: Die Betriebsgrößenstrukturen der deutschen Landwirtschaft 1882, 1895 und 1907 nach der Zahl der Betriebe

Anhand der Tabelle lässt sich schlussfolgern, dass die meisten Betriebe über weniger als 2 ha Nutzfläche verfügten. Dies waren sogenannte Kleinst- oder auch Parzellenbetriebe. Der Anteil dieser Betriebsgruppe, gemessen an den gesamten Betriebsgrößengruppen, war von zwei Faktoren abhängig. Einerseits von dem Vorhandensein von Arbeitsstellen außerhalb der Landwirtschaft und andererseits von der Bodenzersplitterung, welche Folge der Realerbteilung war und der Hauptgrund für die flächenmäßig kleinen Landwirtschaftsbetriebe.[8]

Während die Kleinst- bzw. Parzellenbetriebe eher im Westen Deutschlands vorherrschten, waren im Osten die großen Betriebsgruppen angesiedelt. Bis zum Beginn des Ersten Weltkrieges waren aber auch die Fideikommisse, oder auch „Majoratsbetriebe", weit verbreitet. Fideikommisse leitet sich vom Lateinischen „fidei commissum" ab und bedeutet so viel wie „zu treuen Händen belassen". Eine solche Form von Betrieben hatte zur Aufgabe den

---

[8] Henning, Friedrich-Wilhelm, Landwirtschaft und ländliche Gesellschaft in Deutschland. 2. Auflage, Paderborn 1988 (= UTB 774, Bd. 2), S. 145-149.

land- und auch forstwirtschaftlichen Besitz zu erhalten und nach ungeteilter Erbfolge an die bestimmten Erben weiterzugeben. Die Fideikommisse sind jedoch kein Phänomen des 19. oder 20. Jahrhunderts. Ihre Entstehungsgeschichte geht zurück auf das 16. Jahrhundert, als diese Form des Besitzes eine Entschädigung für Personen darstellte, welche dem Land Preußen bzw. dem jeweiligen Landesherren einen Dienst erwiesen hatten. Dieses Sonderrecht wurde allerdings mit der 1919 in Kraft tretenden Weimarer Verfassung aufgehoben. Bis zu diesem Zeitpunkt lag der Anteil der Fideikommisse an der Landwirtschaft Preußens bei ca. 7,6 %. Der größte Flächenanteil entfiel dabei auf die Forste. In Ostpreußen verzeichnete man bis 1919 ca. 80 Fideikommisse, welche, im Schnitt, eine Größe von 1.000 – 5.000 ha umfassten.[9] Doch hatten die Fideikommisse nicht nur Befürworter. Schon Max Weber bezeichnete die Majoratsbetriebe als „extremste Form der Monopolisierung", welche in dem meisten Fällen „ein Zentrum der Bodenakkumulation" darstellten. Der 1903 in Kraft tretende Gesetzesentwurf über Familienfideikommisse sah eigentlich eine Schwächung der Bourgeoisie gegenüber den Großgrundbesitzern vor. Bewirkt hat er jedoch teilweise das Gegenteil. Das Gesetz bot nämlich einigen preußischen Bourgeoisien die Möglichkeit aufzusteigen zu einem „Fideikommiss besitzenden Junkertum".[10]

Eines aber hatten alle Betriebe, ob kleiner als 2 ha oder größer als 100 ha, gemein. Sie mussten mit Hilfe von Arbeitskräften bewirtschaftet werden. In der Zeit um 1900 war es jedoch sehr schwer landwirtschaftliche Arbeiter zu finden, denn die Erwerbstätigenanzahl im primären Sektor nahm, infolge der Industrialisierung, durch die Abwanderung vom Land in die Städte, stetig ab. Doch die Ausbreitung des Hackfrüchteanbaus, insbesondere der Zuckerrüben, brachte einen erhöhten Arbeitskräftebedarf mit sich.[11] Die landwirtschaftlichen Erzeugnisse sollten allerdings nicht ausschließlich die Selbstversorgung des jeweiligen Betriebes decken, sondern auch auf dem inländischen Markt angeboten werden. Außerdem herrschte ein Mangel an technischen Hilfsmitteln. Doch nicht alle Betriebsgrößenklassen hatten die finanziellen Mittel, um landwirtschaftliche Arbeiter zu beschäftigen. So konnten die Kleinstbetriebe, welche weniger als 10 ha bewirtschafteten, nur auf familiäre Unterstützung bauen. In den mittelbäuerlichen Betrieben, mit einer Größe bis zu 20 ha, arbeiteten sogenannte „Hofgänger" und „Freiarbeiter". Sie wurden jedoch nicht das ganze

---

[9] Eckart, Karl, Agrargeographie Deutschlands. Agrarraum und Agrarwirtschaft Deutschlands im 20. Jahrhundert, 1. Auflage, Gotha 1998, S. 54-55.
[10] Kato, Fusao, Die wirtschaftliche und soziale Bedeutung der Fideikommißfrage in Preußen 1871 – 1918, in: Reif, Heinz (Hg.), Ostelbische Agrargesellschaft im Kaiserreich und in der Weimarer Republik. Agrarkrise - junkerliche Interessenpolitik – Modernisierungsstrategien, Berlin 1994, S. 73-93, hier S. 74-75.
[11] Eckart, Karl, Ebd., S. 56.

Jahr über gebraucht, sondern nur zur Aussaat und Ernte zur temporären Entlastung der Familienarbeiter. Die großen landwirtschaftlichen Betriebe konnten Landarbeiter, welche auch als „Jahreslöhner" oder „Heuerlinge" bezeichnet wurden, meist ganzjährig beschäftigen. Oft wurden in diesen Betriebsgrößen auch Knechte und Mägde zur Arbeit herangezogen, welche sich, als Entschädigung, mit freier Unterkunft und Verpflegung zufrieden gaben, was im Vergleich zu den Landarbeitern ausgesprochen preiswert war.[12] Vergleicht man allerdings die Landarbeiterlöhne mit denen der Industriearbeiter, so wird schnell klar, warum trotz der hohen landwirtschaftlichen Arbeitskräftenachfrage, die Abwanderung der Bevölkerung in die Städte nicht aufzuhalten war. Im Durchschnitt lag der Lohn eines Landarbeiters rund 15 % unter dem eines Industriearbeiters.[13] Die unzähligen, dringend benötigten, Arbeitskräfte wurden schließlich, bis zum Beginn des Ersten Weltkrieges, aus einem Heer von, nach Deutschland strömenden, ausländischen Wanderarbeitern rekrutiert. Was zur Folge hatte, dass die Zahl, der ausländischen Beschäftigten in der Landwirtschaft, von Jahr zu Jahr weiter anstieg und 1914 mit über 400.000 Personen pro Jahr ihren Höhepunkt erreichte.[14] Damit waren bis zum Ausbruch des Ersten Weltkrieges größtenteils nur ausländische Arbeiter in der deutschen Landwirtschaft beschäftigt. Sie kamen häufig aus Polen und Russland, aber auch aus Mähren, Galizien und Italien. Im Gegensatz zu den deutschen Wanderarbeitern, waren die ausländischen Arbeitskräfte nicht nur weitaus billiger, da sie sich, was Unterkunft und Versorgung betraf, leichter diskriminieren ließen, sondern standen zudem in großer Zahl zur Verfügung. Aufgrund der daraus entstehenden Vorteile für den Gutsbesitzer wurden ausländische Wanderarbeiter auch bevorzugt eingestellt.[15]

Da die Notlage dieser ausländischen Wanderarbeiter, resultierend aus der Tatsache, dass die gezahlten Löhne in ihren jeweiligen Herkunftsländern noch weit unter denen in Deutschland lagen, jedoch ein Aufbegehren gegen die, teilweise menschenverachtenden, Zustände nicht zuließ, konnte diese Art der Ausbeutung ungehindert fortgesetzt werden und der Strom der Wanderarbeiter riss in keinem Frühjahr ab.[16]

---

[12] Kluge, Ulrich, Agrarwirtschaft und ländliche Gesellschaft im 20. Jahrhundert. Hrsg. v. Gall, Lothar, München 2005 (= Enzyklopädie Deutscher Geschichte, Bd. 73), S. 8.

[13] Henning, Friedrich-Wilhelm, Landwirtschaft und ländliche Gesellschaft in Deutschland. 2. Auflage, Paderborn 1988 (= UTB 774, Bd. 2), S. 151.

[14] Kluge, Ulrich, Ebd., S. 8.

[15] Eckart, Karl, Agrargeographie Deutschlands. Agrarraum und Agrarwirtschaft Deutschlands im 20. Jahrhundert, 1. Auflage, Gotha 1998, S. 56-57.

[16] Spoerer, Mark, Zwangsarbeit unter dem Hakenkreuz. Ausländische Zivilarbeiter, Kriegsgefangene und Häftlinge im Deutschen Reich und im besetzten Europa 1939-1945, Stuttgart München 2001, S. 22.

3 Erster Weltkrieg (1914 – 1918)

Mit Ausbruch des Ersten Weltkrieges im August 1914 begann eine jahrelang andauernde Krisenzeit für die deutsche Bevölkerung, denn mit den erzeugten Agrarprodukten mussten neben der Bevölkerung selbst, die rund zehn Millionen Mann starken Truppen des Militärs, Kriegsgefangene sowie mehrere Millionen, im Militärdienst eingesetzten, Pferde und Nutztiere versorgt werden.[17]

Der bis dahin vorherrschende Arbeitskräftemangel in der deutschen Landwirtschaft verschärfte sich zunehmend mit dem Ausbruch des Ersten Weltkrieges 1914. Rund 3,4 Millionen männliche Deutsche waren bis zu diesem Zeitpunkt in der Landwirtschaft tätig und etwa zwei Millionen davon mussten nun Wehrdienst leisten.[18] Durch diesen großen Verlust sahen sich die meisten Landwirte gezwungen ihre agrarischen Nutzflächen zu verkleinern. Der Arbeitskräftemangel und die immer knapper werdenden Betriebsmittel, wie Düngemittel und Kraftstoffe, führten natürlich auch zu Versorgungsengpässen bei der Gesamtbevölkerung. Um diesem, zumindest ansatzweise, entgegenzuwirken forderte der Staat eine drastische Änderung der angebauten Bodenkulturen. Fortan sollte flächendeckend, statt des vergleichsweise ertragsarmen Getreideanbaus, der Kartoffelanbau Vorrang haben, um eine Grundversorgung der Bevölkerung zu gewährleisten.[19] Neben dem sogenannten „Schweinemord" von 1915, mit welchem man die Schweine als Lebensmittelkonkurrenten auszuschalten versuchte, führte man ebenfalls Brot- und Fleischkarten ein, um die vorhanden Lebensmittel zu rationieren und Unruhen innerhalb des deutschen Volkes zu vermeiden.[20]

Da sich der, kriegsbedingte, Mangel an landwirtschaftlichen Arbeiter in allen Teilen Deutschlands rigoros bemerkbar machte, wurden stellenweise militärische Truppen zu bestimmten saisonalen Arbeiten eingesetzt. Auch die Jugendhilfe spielte eine bedeutende Rolle, denn auch ganze Schulklassen kamen während des Ersten Weltkrieges in der deutschen Landwirtschaft als Hilfskräfte zum Einsatz. Basierend auf den, anfangs noch freiwilligen, Leistungen zur Unterstützung der Landwirtschaft, trat am 5. Dezember 1916 das Gesetz über den vaterländischen Hilfsdienst in Kraft. Dieses Gesetz besagte, dass jeder männliche,

---

[17] Eckart, Karl, Agrargeographie Deutschlands. Agrarraum und Agrarwirtschaft Deutschlands im 20. Jahrhundert, 1. Auflage, Gotha 1998, S. 67.
[18] Kluge, Ulrich, Agrarwirtschaft und ländliche Gesellschaft im 20. Jahrhundert. Hrsg. v. Gall, Lothar, München 2005 (= Enzyklopädie Deutscher Geschichte, Bd. 73), S. 12-14.
[19] Eckart, Karl, Ebd., S. 67-76.
[20] Kluge, Ulrich, Ebd., S. 12-14.

deutsche Staatsbürger im Alter von 17 bis 60 Jahren während der Kriegsjahre als Arbeitskraft herangezogen werden konnte, sofern er nicht schon Kriegsdienst leisten musste.

Trotz der, noch immer vorhandenen, ausländischen Wanderarbeitern mussten weitere Maßnahmen im Kampf gegen den Arbeitskräftemangel getroffen werden. Deshalb zwang man schließlich Kriegsgefangene zur Landarbeit. Sie wurden vor allem in großbäuerlichen Betrieben im Osten Deutschlands eingesetzt. 1916 waren ca. 700.000 Kriegsgefangene und zum Ende des Krieges hatte man bereits rund 900.000 als Zwangsarbeiter herangezogen. Im Westen und Süden des Landes, wo sich hauptsächlich die kleinen und mittelgroßen Betriebsgrößen befanden übernahmen Frauen, „Altenteiler" und sogar Kinder die Arbeit in den Landwirtschaftsbetrieben.[21]

Vor allem Frauen sollten nunmehr verstärkt in den Agrarbetrieb und die Industrie mit einbezogen werden. Dort nahmen sie während des Ersten Weltkrieges einen besonders wichtigen Platz ein. Vor Kriegsbeginn lag der Frauenanteil im Industriegewerbe bei rund 18,7%. Mit Kriegsausbruch stieg der Anteil stetig an. Frauen sahen sich nunmehr gezwungen, allein für den Unterhalt der Familie zu sorgen, da die Männer zum Wehrdienst eingezogen wurden. Außerdem waren die Verdienstmöglichkeiten in der städtischen Industrie weitaus höher als in der Landwirtschaft. Da die Rüstungsindustrie im Ersten Weltkrieg enorm wichtig war, stieg seit 1915 vor allem in diesem Bereich der Anteil der Arbeiterinnen.

Die Folgende Tabelle zeigt die Entwicklung der weiblichen Beschäftigten in den rüstungsrelevanten Industriezweigen von März 1916 bis September 1918, wobei gilt: März 1914 = 100.

Gewerbegruppe	März 1916	März 1917	März 1918	September 1918
Metallindustrie	492,4	745,5	846,7	777,0
Maschinenindustrie	1.414,8	3.381,7	3.520,4	3.937,9
Elektroindustrie	299,7	856,4	813,8	691,4
Chemische Industrie	171,8	314,0	436,2	467,7

Ausgehend von Juli 1915 hat sich die Anzahl der Arbeiterinnen in der Eisen- und Metallindustrie von 9.600 bis 1916 auf 15.600 erhöht. Im gleichen Zeitraum stieg auch die

---

[21] Eckart, Karl, Agrargeographie Deutschlands. Agrarraum und Agrarwirtschaft Deutschlands im 20. Jahrhundert, 1. Auflage, Gotha 1998, S. 67-76.

Zahl der weiblichen Beschäftigten in der Maschinenindustrie, von 8.200 auf 13.200, und in der Chemieindustrie um rund 71%. Kurz vor Ende des Ersten Weltkrieges waren in den kriegswichtigen Industriegruppen insgesamt über vier Millionen Frauen tätig. Betrachtet man lediglich die Heeresfahrzeugfabrikation, so lag auch dort der Anteil der Arbeiterinnen mit 75% sehr hoch. Diese überaus hohe Beschäftigung der deutschen Frauen nahm jedoch mit Kriegsende im November 1918 rapide ab. In den Monaten März bis Juni 1919 lag die Zahl der weiblichen Beschäftigten sogar unterhalb der von Juni 1914.[22]

Mit Kriegsgefangenen, ausländischen Wanderarbeitern und Frauen konnte der Arbeitskräftemangel jedoch nicht behoben werden. Deshalb deportierten die Deutschen, unter dem Befehl des Generalquartiermeisters Erich Ludendorff, 1916 hunderttausende Belgier, Franzosen und Polen als Zwangsarbeiter für Landwirtschaft und rüstungsrelevante Industrie. Obwohl diese Maßnahme nicht auf die Zustimmung der deutschen Bevölkerung traf, wurde sie dennoch durchgeführt, vermochte aber die Produktionslücken dennoch nicht zu füllen.[23]

4 Weimarer Republik (1918 – 1933)

Die wichtigsten Veränderungen der Nachkriegszeit wurden mit dem Versailler Vertrag vom 28. Juni 1919 besiegelt. Verglichen mit der Fläche des deutschen Reiches um 1913 mussten nun rund 13% der Gesamtfläche an die Siegermächte abgetreten werden. Damit gingen neben großen Anbauflächen der Landwirtschaft und fruchtbaren Ackerböden auch wichtige Rindviehzuchtgebiete verloren. Ebenfalls waren Einbußen bei der Bevölkerungszahl zu verzeichnen. Aufgrund der Gebietsabtretungen schrumpfte die Zahl um ca. 6,5 Millionen Menschen. Außerdem mussten, zu Reperationszwecken, 130.000 landwirtschaftliche

---

²² Strauß, Annette, Die Frauenarbeit in der deutschen Rüstungsindustrie des Ersten und Zweiten Weltkrieges, in: Schulz, G. (Hrsg.), Geschichte der Deutschen Kriegswirtschaft 1939-1945. Von der Landwirtschaft zur Industrie. Wirtschaftlicher und gesellschaftlicher Wandel im 19. und 20. Jahrhundert. Festschrift für Friedrich-Wilhelm Henning zum 65. Geburtstag, Paderborn u. a. 1996, S. 163-184, hier S. 164-174.

²³ Seeber, Eva, Zwangsarbeiter in der faschistischen Kriegswirtschaft. Die Deportation und Ausbeutung polnischer Bürger unter besonderer Berücksichtigung der Lage der Arbeiter aus dem sogenannten Generalgouvernement (1939-1945), hrsg. v. Spiru, Basil, 1. Auflage, Berlin 1964 (= Schriftenreihe des Instituts für Geschichte der europäischen Volksdemokratien an der Karl-Marx-Universität Leipzig, Bd. 3), S. 40.

Maschinen und 1.976.000 Rinder an die alliierten Mächte abgetreten werden. Im Vergleich zur Vorkriegszeit sanken also deutlich die agrarische Produktivität sowie der Lebensraum.[24]

Eine weitere Neuerung war das im August 1919 erlassene, sogenannte, Reichssiedlungsgesetz. Die Zahl der Betriebe mit einer Fläche von 0.05 bis 2 ha sowie 2 bis 5 ha stieg bis 1925 beständig. Die Ursache dafür, war in der Zwangswirtschaft und dem Arbeitskräftemangel zu finden. Bis 1933 nahm die Verbreitung in diesen Größenklassen jedoch wieder ab. Die folgende Abbildung zeigt die Veränderung der landwirtschaftlichen Betriebsgrößenklassen des Deutschen Reiches in der Zeit von 1925 bis 1933.

Länder und Landes- teile des Deutschen Reiches	Von 100 ha der 1925 landwirtschaftlich benutzten Fläche entfielen auf die Größenklassen von					
	2–5 ha		20–100 ha		100 ha und mehr	
	1925	1933	1925	1933	1925	1933
Prov. Ostpreußen	4,6	3,2	32,5	37,2	39,2	35,4
Stadt Berlin	8,0	7,9	18,7	29,6	14,3	17,1
Prov. Brandenburg	6,4	4,5	27,8	33,1	34,4	33,5
Prov. Pommern	3,2	2,4	19,9	23,7	49,8	45,4
Prov. Grenzmark Pos. Westpreußen	3,5	2,6	33,1	41,0	33,3	31,3
Prov. Niederschlesien	9,2	6,5	21,3	23,2	33,1	30,9
Prov. Oberschlesien	14,2	12,4	12,9	15,0	27,5	22,7
Prov. Sachsen	7,4	5,8	30,2	34,6	25,0	26,2
Prov. Schlesw.-Holstein	4,0	3,2	55,1	59,3	15,5	15,6
Prov. Hannover	12,5	8,3	35,6	44,5	6,4	11,0
Prov. Westfalen	14,6	10,4	31,3	43,1	3,3	5,9
Prov. Hessen-Nassau'	24,5	23,7	14,9	17,1	4,8	6,6
Rheinprovinz	21,3	16,3	20,3	23,4	3,3	4,9
Hohenzollern	27,6	23,8	10,6	13,4	1,8	5,7
Preußen insgesamt	9,3	7,2	28,4	34,6	25,6	24,7
Nordbayern	17,4	11,9	17,6	31,3	2,2	3,2
Südbayern	10,8	7,6	32,4	42,4	2,8	5,1
Pfalz	28,0	26,6	7,4	8,8	2,2	2,1
Bayern insgesamt	14,6	10,5	24,7	35,8	2,5	4,2
Deutsches Reich	11,4	8,9	26,4	33,2	20,2	19,9

Abbildung 2: Veränderungen der Anteile der Betriebsgrößen der landwirtschaftlichen Betriebe im Deutschen Reich (1925-1933)

---

[24] Eckart, Karl, Agrargeographie Deutschlands. Agrarraum und Agrarwirtschaft Deutschlands im 20. Jahrhundert, 1. Auflage, Gotha 1998, S. 77-100.

Wie zu erkennen, fand bei den Betrieben mit einer Fläche von 100 ha oder mehr, bis auf unwesentliche regionale Unterschiede, keine nennenswerte Veränderung statt. Die Zahl der Kleinstbetriebe musste jedoch durchschnittlich betrachtet die meisten Anteile einbüßen. In Gesamtdeutschland gingen sie von 11,4% auf 8,9% zurück. Die Betriebsklassen von 20 bis 100 ha konnten dagegen in allen Regionen ein Plus an Flächenanteilen verbuchen. Ob in Preußen, Bayern oder dem gesamten Deutschen Reich, ihre Anteile nahmen prozentual zu.[25]

All das geschah auf der Grundlage des Reichssiedlungsgesetzes vom 11. August 1919. Dieses Gesetz sah die Gründung von sogenannten Siedlungsgesellschaften vor. Stand ein agrarisches Gut zum Verkauf, so besaßen diese das Vorkaufsrecht. Außerdem sollten in Gebieten, in denen über 10% des landwirtschaftlich genutzten Bodens zu großbäuerlichen Betrieben gehörten, sogenannte „Ansiedlungsbezirke" entstehen. Dort wurden Landlieferungsverbände gebildet. Deren Aufgabe war es, Land zur Siedlung zur Verfügung zu stellen, bis die 10%-Grenze in diesen Bezirken unterschritten war. Auf diese Weise, teils sogar zwangsweise, dann jedoch durch eine angemessene Entschädigung, wollte man die Bereitstellung von Siedlungsland sicherstellen. Im Zeitraum von 1919 bis 1933 wurden so über 500.000 ha Land für die bäuerliche Besiedlung bereitgestellt.[26] Von der zwangsweisen Übernahme war vor allem Ostdeutschland betroffen. Diese Zwangsversteigerungen landwirtschaftlicher Güter sind jedoch als bedeutender Grund für die Betriebsstrukturveränderungen zu nennen.

Um den Arbeitskräftemangel auszugleichen nahmen die meisten Betriebe Kredite auf, um sich landwirtschaftliche Maschinen zu beschaffen. Im gleichen Zuge fand ein Nachfragerückgang der inländischen Agrarprodukte statt, da die amerikanischen Importwaren sehr viel preiswerter waren. Die sich dadurch, zum Teil, hoch verschuldeten Betriebe wurden teilweise gepfändet oder unterlagen der Zwangsversteigerung.[27] In den Jahren 1927 bis 1931 stieg die Anzahl der davon, deutschlandweit, betroffenen Betriebe von 828 auf 4.766 in ganz Deutschland.[28] Nach dem Inkrafttreten von Schutzbestimmungen, wie den Zolltarifen, um die inländischen Produkte wieder attraktiver zu machen, sank die Anzahl jedoch wieder. Doch diese Maßnahmen reichten nicht aus, um auch Ostdeutschland vor einem Zusammenbruch zu

---

[25] Eckart, Karl, Agrargeographie Deutschlands. Agrarraum und Agrarwirtschaft Deutschlands im 20. Jahrhundert, 1. Auflage, Gotha 1998, S. 103-108.
[26] Klein, Ernst, Geschichte der deutschen Landwirtschaft im Industriezeitalter. Hrsg. v. Pohl, Hans, Wiesbaden 1973 (= Wissenschaftliche Paperbacks 1 Sozial- und Wirtschaftsgeschichte), S. 160-161.
[27] Eckart, Karl, Ebd., S. 112-113.
[28] Klein, Ernst, Ebd., S. 167.

bewahren. Deshalb gab es von Seiten des Staates ab 1928 einige Hilfsprogramme für den Osten des Deutschen Reiches.[29]

Da Ostpreußen, aufgrund der Bestimmungen des Versailler Vertrages, vom restlichen Reich abgetrennt wurde, konnten die Agrarprodukte der Landwirtschaftsbetriebe nicht mehr genügend im Westen abgesetzt werden. Durch die Aufnahme hochverzinster Kredite gerieten fast alle Betriebe in eine hohe Verschuldung. Der erste Versuch der Ostpreußenhilfe von 1928 hatte lediglich eine geringe Zinsentlastung zur Folge, brachte ansonsten aber keine Verbesserung. Erst das Osthilfegesetz vom 31. März 1931 schaffte jedoch Verbesserungen der Lage. Aufgrund dieses Gesetzes fanden u.a. eine umfangreiche Kredithilfe sowie Versuche von Neu- und Ansiedlungen statt.[30]

Die bereits erwähnte Notwendigkeit den Arbeitermangel durch Maschinen auszugleichen, wurde durch die Abgabe von 130.000 agrarischen Maschinen durch den Friedensvertrag von Versailles erschwert, aber nicht völlig eingedämmt. Meist wurden auch Rinder und Pferde als Zugtiere eingesetzt um das „Überlaufen" der Landarbeiter in die Industrie und das geringe Vorhandensein ausgebildeter Saisonarbeiter auszugleichen. Gezielt wurden Maschinen, wie der Traktor und Mähbinder, eingesetzt. Sie waren allerdings nur bei großen Bodenflächen brauchbar, was die kleinbäuerlichen Betriebe benachteiligte und zu einer Abnahme von Kleinstbetrieben von 1925 bis 1933 führte.

Nach dem Ersten Weltkrieg nahm die Zahl der beschäftigten Lohn- und Saisonarbeiter in der Landwirtschaft um ca. 415.000 ab. Die Ursache dafür, lag neben geringen Löhnen und dem verstärktem Aufkommen von Maschinen in dem zunehmenden Einsatz von Familienarbeit. Außerdem waren ausländische Arbeiter immer noch weitaus billiger und wurden deshalb den deutschen Landarbeitern vorgezogen. Dies änderte sich jedoch mit einer Verschärfung der Ausländerbeschäftigung durch die Regierung. Nur noch mit der Erlaubnis des Staates durften ausländische Arbeiter beschäftigt werden. Da diese Erlaubnis in seltensten Fällen erteilt wurde, stieg die Zahl der deutschen Erwerbstätigen in der Landwirtschaft wieder. Waren es 1925 noch 5.556 Arbeiter in ganz Deutschland, konnten 1927 bereits 17.019

---

[29] Eckart, Karl, Ebd., S. 112-113.

[30] Gömmel, Rainer, Die Osthilfe für die Landwirtschaft unter der Regierung der Reichskanzler Müller und Brüning, in: Schulz, G. (Hrsg.), Geschichte der Deutschen Kriegswirtschaft 1939-1945. Von der Landwirtschaft zur Industrie. Wirtschaftlicher und gesellschaftlicher Wandel im 19. und 20. Jahrhundert. Festschrift für Friedrich-Wilhelm Henning zum 65. Geburtstag, Paderborn u. a. 1996, S. 253-274.

landwirtschaftliche Arbeiter verzeichnet werden.[31] Mit dem Sinken der Preise für Getreide im Jahre 1928 ging die Zahl der Arbeitskräfte innerhalb der Landwirtschaft jedoch wieder zurück, weil die Löhne immer geringer wurden. Im gleichen Jahr kam es zur Weltwirtschaftskrise und zur Hyperdeflation.[32] Mit der protektionistischen Marktpolitik von 1929 bis 1933 versuchte die Reichsregierung dem entgegenzuwirken. Man bemühte sich um einen Interessensausgleich zwischen Anbietern, Nachfragern und Herstellern. Die wichtigste Maßnahme der Regierung waren allerdings die Agrarzölle, welche auf tierische sowie pflanzliche Produkte erhoben wurden und von 1929 bis 1930 stark angestiegen waren.[33]

5 Ausblick und Fazit

Im weiteren Verlauf der deutschen Landwirtschaft in der ersten Hälfte des 20. Jahrhunderts fanden weitere Entwicklungen hinsichtlich der Betriebsgrößenstruktur und Arbeitssituation statt. Mit dem Nationalsozialismus änderte sich nämlich 1933 die Agrarpolitik. Der Bauer selbst stand nun im Mittelpunkt und spiegelte die deutsche Lebensqualität wieder.

Mit dem Reichserbhofgesetz vom 29. September 1933 wurde festgelegt, dass die landwirtschaftlichen Güter gemäß dem Anerbenrecht statt nach der Realteilung vererbt werden sollten. 1938 veranlasste man dann die gesetzmäßige Auflösung aller Fideikommisse. Neben diesen Maßnahmen wurde auch die Siedlungspolitik weiterhin verfolgt. Damit erreichte der Staat eine Umverteilung der bis dahin vorherrschenden Besitzverhältnisse, was eine Veränderung der Betriebsgrößenstruktur zur Folge hatte.

Hinsichtlich der Arbeitskräfte war eine jedoch große Abnahme in der Landwirtschat zu verzeichnen. Der enorme Boom in der kriegswichtigen Industrie, machte die landwirtschaftliche Arbeit weniger attraktiv. Über 80.000 Vollbeschäftigte wechselten in den Jahren 1933 bis 1939 von der Landwirtschaft in die Industrie. Die dadurch entstandenen Lücken konnten auch mit dem Reichsarbeiterdienst und der sogenannten Hitlerjugend nicht

---

[31] Eckart, Karl, Agrargeographie Deutschlands. Agrarraum und Agrarwirtschaft Deutschlands im 20. Jahrhundert, 1. Auflage, Gotha 1998, S. 113-118.
[32] Theine, Burkhard, Westfälische Landwirtschaft in der Weimarer Republik. Ökonomische Lage, Produktionsformen und Interessenpolitik, Paderborn 1991 (= Veröffentlichungen des Provinzialinstituts für Westfälische Landes- und Volksforschung des Landschaftsverbandes Westfalen-Lippe, Bd. 28), S. 127-128.
[33] Eckart, Karl, Agrargeographie Deutschlands. Agrarraum und Agrarwirtschaft Deutschlands im 20. Jahrhundert, 1. Auflage, Gotha 1998, S. 81.

geschlossen werden. Dies Zwang die Gutsbesitzer zum erhöhten Einsatz von landwirtschaftlichen Maschinen und zur Arbeitsteilung. Einige Betriebe schlossen sich zu Zweckgemeinschaften zusammen und bildeten u.a. Wäschereigemeinschaften und Einschlachtgemeinschaften.

Die Arbeitslage in der deutschen Landwirtschaft entwickelte sich nur schleppend. Qualifizierte Arbeitskräfte waren nur schwer zu bekommen und mit Beginn des Zweiten Weltkrieges war dies nahezu unmöglich, da die meisten Arbeiter zur Wehrmacht eingezogen wurden. In den Jahren 1939 bis 1944 sank die Anzahl der landwirtschaftlichen Arbeitskräfte von knapp 39,4 auf 35,7 Millionen Menschen. Außerdem wurden, ebenso wie im Ersten Weltkrieg, ca. 3 Millionen Kriegsgefangene und Zwangsarbeiter zur landwirtschaftlichen Arbeit eingesetzt.[34] Schon zu Beginn des Krieges wurden diese deportiert und verschleppt. 1940 deportierte man beispielsweise ca. 600.000 Zwangsarbeiter. Es entwickelte sich in ganz Europa eine extreme Hetzjagd auf Menschen, welche man wie Sklaven behandelte.[35] Durch diese menschenverachtenden Maßnahmen konnte man zwar genug Arbeitskräfte auftreiben, doch nicht die Produktivität steigern, da sie keinen Bezug zum Betrieb aufbauen konnten.[36]

Abschließend ist zu sagen, dass mit der Entwicklung vom Agrar- zum Industriestaat eine über Jahre entstehende Unrentabilität der Landwirtschaft in Deutschland begann. Trotz der immer kleiner werdenden Betriebe, zum einen durch die gesetzliche Realteilung und zum anderen aufgrund der günstigeren Importprodukte, und der zunehmenden Abwanderung von Landarbeitern in die Industrie, versuchte doch der Staat zu jeder Zeit die landwirtschaftliche Produktion wieder anzutreiben. Immer mit dem Hintergedanken unabhängig von agrarischen Importen zu sein und für die Bevölkerung einen Selbstversorgungsgrad von 100 Prozent zu erreichen. Auch wenn dafür nicht nur staatliche Mittel, sondern auch Arbeitskräfte hemmungslos ausgebeutet werden mussten. Trotz all dieser Bemühungen nahmen die Betriebsgrößen ab und die entstandenen kleineren landwirtschaftlichen Betriebe waren nicht in der Lage, den Bedarf ihrer Besitzer vollumfänglich zu decken. Viele kleine Betriebe sind also, aus dem landwirtschaftliche Standpunkt betrachtet, unrentabler als, zahlenmäßig weniger, große Betriebe.

---

[34] Eckart, Karl, Agrargeographie Deutschlands. Agrarraum und Agrarwirtschaft Deutschlands im 20. Jahrhundert, 1. Auflage, Gotha 1998, S. 126-159.
[35] Lehmann, Joachim, Die deutsche Landwirtschaft im Kriege. In: Eichholtz, Dietrich (Hrsg.), Geschichte der Deutschen Kriegswirtschaft 1939-1945. Band II: 1941-1943, in: Kuczynski, J.; Mottek, H. und Nussbaum, H. (Hrsg.), Geschichte der Deutschen Kriegswirtschaft 1939--1945, Berlin 1985 (= Forschungen zur Wirtschaftsgeschichte, Bd. 1), S. 570-700, hier S. 610.
[36] Eckart, Karl, Ebd., S. 159.

6 Literaturverzeichnis

Eckart, Karl, Agrargeographie Deutschlands. Agrarraum und Agrarwirtschaft Deutschlands im 20. Jahrhundert, 1. Auflage, Gotha 1998

Gömmel, Rainer, Die Osthilfe für die Landwirtschaft unter der Regierung der Reichskanzler Müller und Brüning, in: Schulz, G. (Hrsg.), Geschichte der Deutschen Kriegswirtschaft 1939-1945. Von der Landwirtschaft zur Industrie. Wirtschaftlicher und gesellschaftlicher Wandel im 19. und 20. Jahrhundert. Festschrift für Friedrich-Wilhelm Henning zum 65. Geburtstag, Paderborn u. a. 1996, S. 253-274.

Harnisch, Hartmut, Agrarstaat oder Industriestaat. Die Debatte um die Bedeutung der Landwirtschaft in Wirtschaft und Gesellschaft Deutschlands an der Wende vom 19. zum 20. Jahrhundert, in: Reif, Heinz (Hg.), Ostelbische Agrargesellschaft im Kaiserreich und in der Weimarer Republik. Agrarkrise - junkerliche Interessenpolitik – Modernisierungsstrategien, Berlin 1994, S. 33-50.

Henning, Friedrich-Wilhelm, Landwirtschaft und ländliche Gesellschaft in Deutschland. 2. Auflage, Paderborn 1988 (= UTB 774, Bd. 2)

Kato, Fusao, Die wirtschaftliche und soziale Bedeutung der Fideikommißfrage in Preußen 1871 – 1918, in: Reif, Heinz (Hg.), Ostelbische Agrargesellschaft im Kaiserreich und in der Weimarer Republik. Agrarkrise - junkerliche Interessenpolitik – Modernisierungsstrategien, Berlin 1994, S. 73-93.

Kiesewetter, Hubert, Industrialisierung und Landwirtschaft. Sachsens Stellung im regionalen Industrialisierungsprozess Deutschlands im 19. Jahrhundert. Köln 1988 (= Mitteldeutsche Forschungen, Bd. 94)

Klein, Ernst, Geschichte der deutschen Landwirtschaft im Industriezeitalter. Hrsg. v. Pohl, Hans, Wiesbaden 1973 (= Wissenschaftliche Paperbacks 1, Sozial- und Wirtschaftsgeschichte)

Kluge, Ulrich, Agrarwirtschaft und ländliche Gesellschaft im 20. Jahrhundert. Hrsg. v. Gall, Lothar, München 2005 (= Enzyklopädie Deutscher Geschichte, Bd. 73)

Lehmann, Joachim, Die deutsche Landwirtschaft im Kriege. In: Eichholtz, Dietrich (Hrsg.),

Geschichte der Deutschen Kriegswirtschaft 1939-1945. Band II: 1941-1943, in: Kuczynski, J.; Mottek, H. und Nussbaum, H. (Hrsg.), Geschichte der Deutschen Kriegswirtschaft 1939--1945, Berlin 1985 (= Forschungen zur Wirtschaftsgeschichte, Bd. 1), S. 570-700.

Seeber, Eva, Zwangsarbeiter in der faschistischen Kriegswirtschaft. Die Deportation und Ausbeutung polnischer Bürger unter besonderer Berücksichtigung der Lage der Arbeiter aus dem sogenannten Generalgouvernement (1939-1945), hrsg. v. Spiru, Basil, 1. Auflage, Berlin 1964 (= Schriftenreihe des Instituts für Geschichte der europäischen Volksdemokratien an der Karl-Marx-Universität Leipzig, Bd. 3)

Spoerer, Mark, Zwangsarbeit unter dem Hakenkreuz. Ausländische Zivilarbeiter, Kriegsgefangene und Häftlinge im Deutschen Reich und im besetzten Europa 1939-1945, Stuttgart München 2001

Strauß, Annette, Die Frauenarbeit in der deutschen Rüstungsindustrie des Ersten und Zweiten Weltkrieges, in: Schulz, G. (Hrsg.), Geschichte der Deutschen Kriegswirtschaft 1939-1945. Von der Landwirtschaft zur Industrie. Wirtschaftlicher und gesellschaftlicher Wandel im 19. und 20. Jahrhundert. Festschrift für Friedrich-Wilhelm Henning zum 65. Geburtstag, Paderborn u. a. 1996, S. 163-184.

Theine, Burkhard, *Westfälische Landwirtschaft in der Weimarer Republik. Ökonomische Lage, Produktionsformen und Interessenpolitik,* Paderborn 1991 (= Veröffentlichungen des Provinzialinstituts für Westfälische Landes- und Volksforschung des Landschaftsverbandes Westfalen-Lippe, Bd. 28)

6.1 Abbildungsverzeichnis

Abbildung 1: *Die Betriebsgrößenstrukturen der deutschen Landwirtschaft 1882, 1895 und 1907 nach der Zahl der Betriebe.* Henning, Friedrich-Wilhelm, Landwirtschaft und ländliche Gesellschaft in Deutschland. 2. Auflage, Paderborn 1988 (= UTB 774, Bd. 2), S. 149.

Abbildung 2: *Veränderungen der Anteile der Betriebsgrößen der landwirtschaftlichen Betriebe im Deutschen Reich (1925-1933).* Eckart, Karl, Agrargeographie Deutschlands. Agrarraum und Agrarwirtschaft Deutschlands im 20. Jahrhundert, 1. Auflage, Gotha 1998, S. 107.